# 家庭应急手册

JIATING YINGJI SHOUCE

国家减灾委员会办公室　指导
应急管理部国家减灾中心　编写

地震出版社

图书在版编目（CIP）数据

家庭应急手册 / 应急管理部国家减灾中心编写.
—北京：地震出版社，2020.7（2024.12重印）
ISBN　978-7-5028-5198-9

Ⅰ.①家… Ⅱ.①应… Ⅲ.①家庭安全—手册

Ⅳ.① X956-62

中国版本图书馆 CIP 数据核字（2020）第115479号

地震版 XM 5921 / X（5918）

家庭应急手册

应急管理部国家减灾中心　编写

责任编辑：樊　钰

责任校对：刘　丽

出版发行：**地 震 出 版 社**
北京市海淀区民族大学南路9号　　　　邮编：100081
发行部：68423031　68467991
总编办：68462709　68423029
http://seismologicalpress.com

经销：全国各地新华书店
印刷：北京华强印刷有限公司

版（印）次：2020年7月第一版　2024年12月第14次印刷
开本：880×1230　1/32
字数：72千字
印张：2.875
书号：ISBN 978-7-5028-5198-9
定价：19.00元

　　自然灾害、事故灾难、公共卫生事件和社会安全事件等各类突发事件时有发生，给我们的生产生活带来了极大影响，甚至造成巨大的生命财产损失。习近平总书记在主持中共中央政治局第十九次集体学习时强调，要坚持群众观点和群众路线，坚持社会共治，完善公民安全教育体系，推动安全宣传进企业、进农村、进社区、进学校、进家庭，筑牢防灾减灾救灾的人民防线。家庭作为社会的基本单元，是防灾减灾救灾工作的重要载体，家庭成员提高灾害防范意识、提升应急避险能力，对于保护自己和家人的安全至关重要。

　　本手册通过"你的家庭安全吗""有备才能无患""学会应急措施""应急常用信息"等章节内容，介绍地震、台风、火灾、交通安全、公共卫生事件等常见灾害风险常识和避险方法，梳理家庭风险隐患，引导制订家庭应急方案，帮助降低和避免灾害带来的不利影响。

　　由于能力和水平的不足，本手册肯定存在错误和疏漏，敬请广大读者批评指正。

编写组

2020 年 4 月

目录

你的家庭安全吗

CHAPTER ONE

1 家庭风险概述 ｜▼

① 灾害对家庭的影响

家庭是社会的基础单位，每当发生灾害，家庭都难免受到不同程度的影响。无论是地震、台风、洪水、泥石流、火灾等，还是2019新冠肺炎疫情，都可能给一个家庭带来危害与不利影响：

◎ 灾害可能造成家庭的财产损失（房屋倒塌或烧毁），更严重的还可能造成家庭成员伤亡。

◎ 灾害可能导致家庭被紧急转移或临时安置，或者像2019新冠肺炎疫情期间隔离在家。在这种情况下，家庭成员可能缺少必需的生活物资，也可能给家庭成员带来心理影响。

◎灾害也会带来社会基础建设、公共服务和社区结构的变化，可能使家庭在短时间内没有收入，或者导致长期收入减少。同时，家庭所能得到的社会支持也会缩减。

② 营造家庭安全观

如果事先没有扎实的准备，灾害发生时人们往往手足无措、无法应对，造成财产甚至生命的损失。每个家庭都可成为防灾减灾救灾的重要力量，而非只是受害者！如果家庭能在灾害来临之前采取一些有效措施，就可以降低灾害带来的负面影响。

　　这本《家庭应急手册》提供了简单、易操作的家庭减灾和应急措施，分为三个步骤：

第1步：你的家庭安全吗

第2步：有备才能无患

第3步：学会应急措施

除了这三个步骤之外，本手册在最后也为大家提供了实用的"应急常用信息"！你和家人只需要跟着这本手册的指导，完成每一个步骤，就可以提升应急能力和安全性。还在等什么？现在就与家人一起行动起来制订家庭应急计划吧！

如何制订适合自己家庭的应急计划呢？建议家庭应急计划应包括撤离路线、紧急联络人、电闸总开关、煤气开关等内容，这样制订的计划更加实用、便捷。

◎ 家庭所有成员共同参与和讨论。

◎ 找出家里可能存在的安全隐患和可用的资源，制订家庭应急计划并加以演练。

◎ 每 6 个月更新一次家庭应急计划。

◎ 定期更换家庭的应急食品。

2 家庭安全隐患及识别方法 ｜▼

① 家庭中可能存在的安全隐患

以下是一些可能存在的安全隐患举例。想想看，你的身边有没有类似的安全隐患？

▶ 用火安全隐患

○ 卧床/卧在沙发上抽烟　　　　○ 小孩玩打火机、火柴、蜡烛

○ 燃气灶旁边有易燃物（洗碗布等）
○ 厨房用火不慎，燃气软管老化

○ 纸箱和杂物堆满逃生疏
　散通道
○ 室内堆积大量可燃物

▶ **用电安全隐患**

○ 接线板超载或使用质量不合格
　的接线板
○ 湿着手插、拔插头
○ 手机边充电边使用

○ 家中大功率电器长时间没有检
　修维护
○ 室内停放电动车及对其充电，
　或电动车充电时间过长
○ 卫生间有裸露的插座

▶ 自然灾害隐患

○ 家住一楼，地势低洼或者靠河，容易被洪水浸泡

○ 家在台风多发地，但是窗户不够结实，屋顶漏雨

○ 家在地震多发地区，书架、衣柜未固定到墙上，柜子上放置花瓶或重物

○ 家所在的房屋或者楼房没有避雷针

○ 雷电天气时在窗边玩手机

▶卫生安全隐患

○ 喝未经煮沸或处理的自来水或井
水、河水
○ 饭前便后、处理食物前和回到家没
有立即洗手的习惯

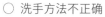

○ 洗手方法不正确
○ 患有流行性感冒或其他传染病的
情况下，不戴口罩

▶意外事故隐患

○ 易燃易爆物保存不当，煤气罐、
鞭炮裸露在外

○ 车辆拥挤、交通混乱的路段

○ 烟花爆竹存放地，违章/临时建筑

○ 食用过期、变质食品导致食物中毒
○ 家用药品放置随意

 找一找，你的身边有什么安全隐患？

请参考以上的举例，和你的家人一起找出你身边的安全隐患，并写在下面的横线处。

哪些是发生地震时可能掉落或滑动的家具和设备？

_____

家中有哪些物品、家人的哪些行为容易引发火灾？

_____

家里有没有危险品？是否容易泄漏？

_____

家中还有没有其他安全隐患？

_____

周围社区、街道中是否有其他安全隐患？

_____

 小贴士

记住出游时也要关注周围是否存在安全隐患哦！比如：是否会通过事故多发路段、所在建筑物是否安全、所住酒店是否有安全逃生通道且通道是否畅通，等等。

② 家庭风险点识别方法

你知道你身边的风险吗？你了解如何规避这些风险吗？可以采取以下步骤来识别风险：

①了解家庭所在地曾经发生过的灾害并全面考虑可能发生的风险。

②找出家里的安全隐患，并列出清单或者制作成一张家庭风险图。

③对找到的隐患进行简单评估，选出要优先处理的隐患。

减灾小游戏：
减少你身边的安全隐患

找一找，下图中有哪些安全隐患？请圈出来。

想一想，如何才能消除这些隐患呢？

○ 地震

○ 火灾

想知道正确答案么？
请见第 19 ～ 20 页。

3 日常减轻家庭安全风险的措施 ▼

① 定期排查房屋安全隐患

你和家人应定期对房屋进行维护，如房屋受潮受损，应及时修补。具体措施如下：

◎ 每年都对房屋进行检修，排查房屋安全隐患，找出并维修易受火灾、地震、强风、洪水与恶劣天气破坏的地方。

◎ 确保窗户可从屋内打开，房屋出口与紧急出口畅通无阻。

◎ 定期排除火灾隐患。

◎ 检修房屋电气系统。

◎ 清理水沟与排水管。

◎ 检修所有采暖设备与烟囱。

◎ 更换烟雾报警器电池。

② 识别并储存好危险品

你和家人应尽量减少家中存放的危险品数量，并将它们单独妥善存放，以防发生泄漏。危险品包括易燃、易爆、有强烈腐蚀性、有毒和放

射性等物品，如汽油、温度计中的水银、鞭炮等。具体措施如下：

◎ 限制危险品存量，清除或单独分开存放危险品。

◎ 将有毒、易燃物品存放于密封带锁的金属柜中，以防发生火灾、有毒物质混合和危险物品泄漏。

③ 消除各类隐患

● 家庭火灾：

◎ 切勿在床上或卧躺吸烟，烟头不要随意丢弃，使用金属烟灰缸盛装烟灰并用水浸泡烟灰。

◎ 将火柴、打火机、空气清新剂等易燃可燃物品置于儿童无法接触且远离热源处。

◎ 在家中点燃蜡烛、焚香及艾灸等明火操作时，必须时刻有人监管，待确认火种彻底熄灭后方可离开。

◎ 杜绝电气线路过载老化，防止短路打火。

◎ 检查房屋电线，修理损坏、磨损或破裂的电线与松动的插头。切勿将电线置于地毯下。

◎ 检查燃气设备的软管和阀门是否有老化或锈蚀。

◎ 选用获安全认证的采暖设备，并按说明书规定操作设备，切勿在采暖设备附近放置易燃物品。

◎ 使用符合国家安全标准的用电
　设备设施。

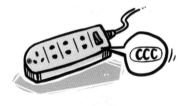

● **地震：**

◎ 你和家人需要将高而重的家
　具、设备、大型电器、照明器
　材等都固定在墙柱或地面上。

◎ 你和家人可以将电视、电脑以及其他电子器件妥善放置，画
　框和镜框固定在墙上。

◎ 建筑工程应避开发震断裂带，避让距离参见 GB 50011—2010
　《建筑抗震设计规范》4.1.7。

◎ 修缮房屋时，应保证建筑结构的完整性。

💡 小 贴 士

　　地震的摇晃可能会让高而重的家具、设备、大型电器等
坠落、破碎、倒下，不仅可能造成人身伤害，还会导致财产
损失（如：需要修理、重新购买等）。

● **洪水或暴雨：**

◎ 不要住在容易泛滥的河边。

◎ 避免在距离涨潮海岸线 200 米以内的区域修建建筑或居住。

◎ 房屋如建在河漫滩上，应建造合适的地基，提高房屋所处的高度（建议参考相关国家标准）。

◎ 水井与厕所应选择修建在高于预期洪水水位的安全地点。

◎ 若要翻新或改建房屋，需做好房屋的防洪措施。选用防洪建材翻新或修建易被浸湿的地方，电线线路应距地面 1.2 米，将电器置于支座上，合理设计墙体，以确保排水孔可排出雨水。

● **风暴和台风：**

◎ 安装厚实的窗帘、防风玻璃、防风遮板或贴上玻璃窗贴膜。

◎ 在风季来临之前，对屋顶进行检修，包括固定或更换松动的瓦片等。屋顶往往是房屋最易受灾害破坏的部位。

● **保护好宠物与牲畜：**

◎ 采用房屋保护措施保护房屋外的建筑、牧场与畜栏。

◎ 在洪水多发地区，若饲养有不便转移的牲畜或大型动物，为

它们搭建一个较高的平台，带有
通道，以便这些动物在遇洪水时
可到此避险。

◎ 给宠物接种疫苗，避免其感染传
染性疾病。

● **保持良好的卫生：**

◎ 使用肥皂和清水彻底洗净双手。

◎ 使用厕所或通过其他干净卫生的方法排便。

◎ 切勿在户外或水源附近排便。

◎ 保护水源与食物免受污染。

◎ 妥善处理动物排泄物。

为减轻风险，你和家人应将家中的隐患——消除。

4 家庭中需要特别关注的人群

充分考虑部分成员的特殊需要：

在制订应急计划时应考虑儿童、残障人士或有特殊需求的家庭成员，并充分考虑他们的特殊需要。例如，发生灾害时确保残障人士优先使用无障碍通道或设施。

① 儿童

你的家里有儿童吗？如果有，请考虑以下建议：

◎ 考虑不同年龄段的儿童需求特点，比如：应急包内应该考虑放置少量婴儿的尿不湿或是幼儿的 1 个小玩偶。

◎对于低幼年龄的儿童，家庭应急计划中要安排成人带领他们撤离。

◎5岁以上的儿童可以不同程度地参与制订家庭应急计划。参与该过程对儿童来说是很有效的体验式应急教育。

◎平时注重教育儿童应急安全知识和技能，增强孩子的安全意识（如：地震来了应该怎么逃生，火灾发生怎么逃生，不能乘坐电梯，要走安全通道等）。

② 老人

你的家里有老人吗？如果有，请考虑以下建议：

◎对于行动不便的老年人，在家庭应急计划中要安排家人协助其撤离。

◎家庭应急包中需要包括老年人常用的药品。

◎家里老人要记住紧急联系电话。

③ 残障人士

你和家人制订的家庭应急计划是否考虑到以下人群的特殊需要？

◎对行动障碍人士：逃生通道是否畅通无阻？撤离线路是否便于通行？

◎对视力障碍人士：是否有听觉提示，如广播或清晰的声音提示？是否有触觉提示，如凸起的引导标识？

◎ 对听力障碍人士：是否会用手语传达信息？是否可以制作一些可视化标识？

◎ 对认知障碍人士：是否会用较慢的语速和简单的语言传达、解释信息？

◎ 对沟通障碍人士（如自闭症）：是否可以提前告知可能发生的情况，使之形成良好的心理预设而避免产生情绪问题？

减灾小游戏
答案及说明

地震：

小提示： 地震的摇晃可能会让高而重的东西坠落、破碎、倒下，这样不仅可能伤人或致人死亡，还会导致财产损失（如：需要修理、重新购买等）。

隐患 1：屋顶的吊灯
建议：对吊灯与屋顶的连接处进行加固，避免其因地震造成的摇晃而坠落。

隐患 2：书架
建议：将书架固定到墙壁上，或在书架下方塞入木楔子（三角斜木片）以抵住书架，或将书架上方固定到天花板上。

隐患 3：书架上的各种物品
建议：将易碎物品放置到书柜最下层，或在书柜上安置橱窗、挡板，并将较重的物品粘贴固定在书架上。

隐患 4：墙壁上的画
建议：将画悬挂在闭合钩上，并固定到墙壁上。

隐患 5：电视
建议：将电视底端固定在电视柜上。

隐患 6：盆栽
建议：将盆栽等易碎物品放置到较矮的电视柜上，最好固定在电视柜上。

隐患 7：电脑
建议：将电脑妥善放置，以免其摔落。

总的来说，为减轻地震可能造成的危害，你和家人需要：
(a) 把高而重和容易滑动的家具、设备、大型电器、照明器材等物品都固定在墙或地面上。
(b) 把电视、电脑以及其他电子器件妥善放置，并将画悬挂在闭合钩上。

火灾：

隐患 1：取暖器和窗帘
说明：取暖器离窗帘太近，容易引发火灾。

隐患 2：排插
说明：取暖器的插座没有插稳，且排插的电线老化，均容易漏电、进而引发火灾。

隐患 3：床头的烟头
说明：烟头未熄灭容易引发火灾，床头吸烟是最常见的导致家庭火灾的原因。

隐患 4：烧香和书本
说明：书本放置得离正在烧的香太近，容易起火。

总的来说，建议你和家人注意时常消除火灾隐患，不要在明火附近放置易燃物品。在家中备好灭火工具并掌握如何使用这些工具灭火。

有备才能无患

CHAPTER TWO

1 关注预警信息 ▼

预警是指在灾害以及其他需要提防的危险发生之前发生紧急信号，让大家能够及时采取避灾行动。预警信息包括突发公共事件的类别、预警级别、起始时间、可能影响范围、警示事顶、应采取的措施和发布机关等。官方预警信息一般通过天气预报、电视、广播、网络媒体和报纸等渠道发布。

以暴雨预警为例，预警信息由低到高划分为一般（Ⅳ级）、较大（Ⅲ级）、严重（Ⅱ级）、特别严重（Ⅰ级）四个预警级别，并依次采用蓝色、黄色、橙色和红色来加以表示。

2 制订家庭应急方案

①▶ 熟悉社区环境

家庭是社区的一份子,家庭应急计划与社区紧密相连。在制订计划前需要了解:

◎ 所住的村或居民小区以及社区的应急预案、应急负责人以及联系方式。

◎ 所住的村或居民小区以及社区有哪些应急资源(灭火器、逃生通道、防洪沙袋等)和这些资源所在的位置以及如何获取。

◎ 离家最近的应急避难场所在哪里。

②▶ 制订应急计划

● **确保了解以下信息:**

◎ 每个房间内最安全的避灾位置在哪里。例如,发生地震时,应远离窗户、可能掉落的大件重物以及取暖器等可能引发火灾的物件。

◎ 房屋和大楼的安全出口及备用出口在哪里。

◎ 自己的全名和家庭地址。

请注意:要确保家里最小的小朋友也知道哦!

23

● **全家商量一下，如果发生灾害，大家到哪里会合呢?**

◎ 1. 屋内会合处 :＿＿＿＿＿＿＿＿＿

◎ 2. 屋外会合处 :＿＿＿＿＿＿＿＿＿

◎ 3. 街区外会合处 :＿＿＿＿＿＿＿＿

请注意: 要确保家里所有成员都知道哦!

● **全家商量一下，谁可以成为紧急联系人呢?**

你家的紧急联系人及其手机号码是:

姓名 :＿＿＿＿＿＿＿＿＿＿ 手机号 :＿＿＿＿＿＿＿＿＿

请注意: 紧急联系人需要是住在另外一个地区（如省外）的人哦!

 小贴士

　　为什么需要另一地区的紧急联系人?

　　灾害发生后，大家都很恐慌，想要打电话确认家人和朋友是否安全。若此时大家都拨打当地的电话，会导致通信网络堵塞。他人的紧急求救电话就可能因此打不出去，使其无法及时获得救助，从而造成人员伤亡。

　　与同一地区的人通话：通过当地的基站传递信号，加重通信网络的负担。

　　与另一地区的人通话：通过另一地区的基站传递信号，会减少本地通信网络负担。

3　准备家庭应急物资　｜▼

① 准备紧急逃生用品

　　准备绳子、鞋子、手电筒等紧急逃生用品。

　　你和家人需在床边备有鞋子和装有新电池的手电筒，以便紧急情况下逃生使用。

② 准备应急包

　　准备应急包。

　　为保证你和家人在灾害发生时能够安全、迅速撤离，请提前准备应急包！

　　推荐的做法是，在家中和车中各备一个应急包，其中应尽量涵盖 6 个类别，下面是每个类别的具体物品：

食品和水	 水 （至少够每个人用 1 天的饮用水；每人每天至少 1 升水）	 高热量食品

日常工具	手电筒	打火机	
医疗物品	处方药 （家人需要的药物）	急救箱 （包括退烧药等）	
卫生防护	替换衣物	香皂、肥皂、洗手液	牙膏牙刷
	卫生纸、卫生巾	消毒液、净水剂等	防护设备 （如：口罩和手套）
	家人需要的特殊用品 （考虑家里老人、残障人士、婴幼儿及宠物／家畜所需）		

通讯器材			
	电池	充电宝	救生哨
重要文件	重要证件和文件的备份	现金	

定期检查应急包中的应急物资，并注意食品、水、药品等物资的有效期，适时更换。

 小 贴 士

　　建议定期备份重要文件与地址、电话通讯录，并告诉紧急联系人如何获取。

4 家庭逃生演练

① 逃生撤离的四个原则

如遇紧急情况，需要撤离或安全疏散时，一定要遵循以下四个原则：

○ 不要讲话
（以防听不清撤离指示）

○ 不要奔跑
（以防受伤）

○ 不要推挤
（以防伤及他人）

○ 不要返回
（以防发生危险）

②▶ 开展家庭逃生演练

家庭逃生演练四步骤：

▶ 寻找紧急出口

确定你家 1 ~ 2 个紧急出口位置，如果住在高层建筑中，请找到建筑的紧急通道和出口（地震、火灾等紧急情况不能使用电梯）。

▶确定安全会合地点

在屋外选择一个安全的会合地方。在发生地震、出现烟雾或火警响起时，每个人都要去这个地方。

▶从最近的出口逃出

讨论并确定家中各个房间里的所有出口以及怎样安全逃出，一起演练如何通过最近的出口从家中不同位置撤离至安全会合地点。

▶安全前不要返回

一旦你已经到达安全会合地点，待在那里别动。在接到通知已经安全之前，请不要返回房屋。

上学期间，儿童应留在学校，等待与家人安全会合。

此外，你和家人还可以参与社区（街道、居委会、村委会等）应急预案的制订和演练。

学会应急措施

CHAPTER THREE

在灾害面前，如何做到从容不迫？你和家人需要的技能在这里！

下列每种灾害事故都包括了为什么会发生、有什么危害以及家庭应该如何准备物资和应对。

1 地震

① 常识

▶地震是什么

◎地震就像刮风下雨一样，是地球上经常发生的一种自然现象。地球上天天都有地震发生，每年约 500 万次。这些地震绝大多数很小，只有 1% 我们可以感觉到。

◎由于地球内部是不停运动和变化的，它们有三种运动方式：挤压、拉伸和错动。这三种不断运动的力量导致了地表岩石的破裂，也就是地震。

◎地震的种类有很多，我们通常说的地震是指构造地震。构造地震是地表岩石突然断裂、错动引起的地面震动。

挤压　　　　　　　拉伸　　　　　　　错动

▶地震会在什么时间和地点发生

◎地震随时都有可能发生。

◎在已经被我们人类探明的断层上发生地震的可能性会更大。

▶地震如何对人造成伤害

◎地震是最致命的自然致灾因子之一。很多地震遇难者死于坍塌建筑掩埋。

◎地震引发的次生灾害，如火灾、海啸、滑坡、泥石流、化学物品或有毒物质泄漏也是造成伤害的重要因素。

◎因建筑物受损、建筑构件或建筑内物品跌落或破裂，或灾后未采取适当的防范措施造成的人员受伤也有很多。

不同级别的地震可能造成或大或小的伤害和损失，社区和家庭可以通过采取防范措施，提升自身防御能力来减轻地震可能带来的危害。

②▶物资准备

如果你住在地震多发地区或者即将前往地震多发地区，建议准备或者携带应急包。请参见本书第二章第（三）节中准备应急包的内容。

③▶避险

如果感觉到震动，可能是地震！请立即：

○ 伏地：蹲下跪在地上，以免摔倒，尽量收缩身体。

○ 掩护：寻找合适的安全点，护住头部和颈部等，重要部位不受伤害。

○ 抓牢：在地震震动结束前，抓紧防护物。

 想一想

▶ 仔细观察你的周围，哪些物品可能在地震中摇晃、坠落或摔碎

请注意，在感受到震动时，请尽量远离这些可能在地震中摇晃、坠落或摔碎的物品，以免受伤。

▶ **如果在以下地方遇到地震，应如何躲避**

○ 在室内，建议：离门最近的人应尽量将门打开；身旁有明火的人应将明火熄灭。可躲到结实的桌子底下，抓紧防护物。远离高、重的家具设备和高处的安全隐患。逃生时不要搭乘电梯。

○ 在户外,建议:远离建筑物、墙体、电线、树木、灯柱和其他安全隐患。蹲在地上,护住头部和颈部。

○ 在车辆中,建议:将车辆停靠至安全地方,远离高处的安全隐患。车内人员做防撞击姿势,保护好头颈。

○ 对于使用轮椅的残障人士,建议:应拉紧手刹,做出防撞姿势,护住头颈。

地震震动结束后,请离开建筑物,撤离到户外安全场所避难。

余震发生时,请同样采取上述保护措施!

 延伸阅读

- 中国地震局,《建设工程抗震设防要求指什么》
  https://www.cea.gov.cn/cea/dzpd/dzcs/1264538/index.html
- 中国地震局,《地震灾害有哪些特点》
  https://www.cea.gov.cn/cea/dzpd/dzcs/1264529/index.html
- 中国地震局地质研究所,《地震自救知识》
  http://www.eq-igl.ac.cn/fzjzkp20110513/dizhenzijiuzhisi.
  html
- 中国地震科普网,《地震应急避难场所场址及配套设施》
  http://www.dizhen.ac.cn/infolist/show_2850.html
- 中国地震科普网,《野外或海边避震》
  http://www.cea.gov.cn/cea/dzpd/dzkp/2792305/2792325/2792349/
  index.html

2 台风 | ▼

①> 常识

▶台风是什么

◎台风（在北大西洋、加勒比海、东北太平洋等海域也叫飓风），是大的旋转风暴，通常在海上形成，移动速度可能缓慢也可能很快。

◎台风会带来强风和暴雨，移动速度可以达到和赛车一样快，甚至超过赛车。

◎不同地区的台风活跃季节不同，我国所在的北半球的台风主要发生在 7—10 月。

▶台风会带来什么危害

◎狂风：飓风级的风力足以损坏甚至摧毁陆地上的建筑、桥梁、车辆等，特别是在建筑物没有被加固的地区，造成的破坏更

大。大风亦可以把杂物吹到半空，使户外环境变得非常危险。

◎暴雨：台风带来的暴雨可能造成洪涝灾害，来势凶猛，破坏性极大。台风暴雨引发的山体滑坡、泥石流等地质灾害十分频繁，破坏森林植被，造成生态破坏和人员伤亡。

◎具有很强破坏力的汹涌海浪和风暴潮：强台风带来的汹涌海浪和风暴潮可以把巨轮掀翻或推入内陆，也能导致潮水漫溢，海堤溃决，冲毁房屋和各类建筑设施，淹没城镇和农田，造成大量人员伤亡和财产损失。

◎海岸侵蚀、土地盐渍化：台风引起的风暴潮会造成海岸侵蚀、海水倒灌，造成土地盐渍化等问题。

◎病虫害：有时候台风甚至会造成农作物的病虫害。

◎造成人员死亡、财产和基础设施受损、未收割的作物和植物被摧毁、地面失稳、淤泥和砂石沉积、食物短缺、饮用水受污染，破坏生计，最终摧毁家园。

 **小贴士**

台风时常引发暴雨、洪涝等灾害，请参见本章第（三）节关于暴雨、雷电和洪涝的内容，了解家庭应学习和采取的应急措施。

② 物资准备

◎台风可能造成停水停电等现象，要及时做好日常生活的储备工作（如准备蜡烛和手电筒、电池，储备食物、饮用水和急救用品）。如果你住在易受台风影响的地区，建议家里常备应急包。

◎在台风活跃季，需要多储备一些水、食物和生活必需品。

◎在台风多发地区，家中备好用于保护房屋的材料、工具，如：钉子、铁锤、锯子、铁锹、沙子、铁铲、沙袋、挡板等。

③ 避险

▶ 留意台风发展最新消息，听从预警指示通知

	蓝色预警	黄色预警	橙色预警	红色预警
台风产生影响	24 小时内	24 小时内	12 小时内	6 小时内
平均风力	6 级以上	8 级以上	10 级以上	12 级以上
阵风	8 级以上并可能持续	10 级以上并可能持续	12 级以上并可能持续	14 级以上并可能持续

▶ 在台风活跃季

◎ 密切留意最新气象信息及相关应急部门的信息发布，渔业从业者应特别关注有关要求渔船归港的信息。

◎ 随时注意收听收看天气预报，了解自己所处的区域是否是台风袭击的危险区域，获得预警信息，并根据预警调整自己的活动。

◎ 车辆燃油箱加满油，以备撤离之需。

▶ 若收到台风预警

◎ 清理残渣和松动的物件，将放置在阳台的花盆、杂物等搬入室内，检查雨篷、加固空调外机，以免因台风坠落而造成人

员伤亡或财产损失。

◎ 保持露天阳台和平台上的排水管道畅通，以免台风暴雨引起积水排泄不畅，而倒灌室内。

◎ 检查门窗是否坚固，可以用胶带以"米"字型加固窗户，以免风力太强击碎玻璃。

◎ 紧闭固定在窗外的防风遮板、木板或其他防风设备。

◎ 备好沙袋、防洪挡板或塑料板，以免水从门窗或通风口涌入屋内。

◎ 用塑料瓶存储饮用水，用浴缸和容量较大的容器存储清洁用水。

◎ 检查个人用品，包括处方药。

◎ 将冰箱调至最低温度并关好冰箱门。如果发生断电，这样做可以让食物保存得更久。

◎ 在风暴来临前，将饲养的宠物和服务类动物带入室内。

▶ **在台风来临时**

◎ 尽量不要出门并且关好门窗，关闭防风遮板或在窗外用木板围封窗户。若当地有关部门要求撤离，应按指示撤离。

◎ 当被要求进行撤离或认为自己身处险境时，应立即逃离风暴的移动路径，但切勿在风暴来袭期间撤离。

◎若居住在高层建筑内，由于高层的风力更强，且地上的淹水会导致灌入地下，应撤离至 2 楼或 3 楼或撤离至事先计划的应急避难场所。

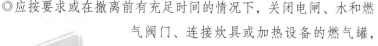

◎看管好饲养的宠物和服务类动物，需进行撤离时，带上它们。

◎应按要求或在撤离前有充足时间的情况下，关闭电闸、水和燃气阀门、连接炊具或加热设备的燃气罐，拔掉小家电的插头。

◎如果发生雷雨大风导致家中进水，应立即切断电源。

◎如在室外，尽快转移至室内，不要在旧房、临时建筑、电线杆、树木、广告牌等地方躲风避雨。

◎比地面低的道路、隧道和地下人行通道在暴雨中容易积水，请不要从这些地方经过。

◎台风引发局部暴雨时，河流和水渠有泛滥的可能性，水流会变得非常湍急，绝对不要接近。

▶ 台风过后

◎外出注意破碎的玻璃、倾倒的

树，在路上看到有电线被风 吹断、掉在地上，千万别用 手触摸，也不能靠近。

◎ 台风暴雨后在雨水中行走应 穿上雨靴防护，如果水位高 过雨靴，则要在下水前涂抹 防水油膏或出水后用盐水浸 泡双脚，避免细菌感染。

◎ 积水道路上排水井和排水沟的盖子可能脱落，万不得已要在 积水的地方移动时，要用伞等物品一边探索一边移动。

◎ 观察建筑受损情况，远离受损建筑。

◎ 保持良好的卫生习惯，避免食用可能受到污染的食物和水。

延伸阅读

- 中国气象局，《气象灾害预警信号发布与传播办法》
  http://www.cma.gov.cn/2011zwxx/2011zflfg/2011zgfxwj/201208/
  t20120803_180761.html
- 中国气象局，《气象灾害防御科普宝典——大风》
  http://www.cma.gov.cn/2011xzt/kpbd/gale/
- 中国气象局热带气旋资料中心
  http://tcdata.typhoon.org.cn/
- 中国天气台风网，《台风来了怎么办》
  http://www.weather.com.cn/static/html/video/3452.shtml

3 暴雨、雷电和洪涝 ▼

 常识

▶暴雨、雷电和洪涝是什么

◎ 24 小时内降水量为 50 毫米以上的强降雨称为"暴雨"。

◎雷电是伴有闪电和雷鸣的一种放电现象。

◎洪水是指河流、海洋、湖泊等水体上涨超过一定的水位，威胁有关地区的安全，甚至造成灾害的水流。主要分为渐发性洪水（水流经数小时或数日缓慢上涨形成）与突发性洪水（毫无征兆地发生在无水流经过的区域，通常在降雨 6 小时内或是决堤后）。

◎洪涝指因大雨、暴雨或持续降雨使低洼地区淹没、积水的现象。

▶暴雨、雷电和洪涝会带来什么危害

暴雨

◎长时间的暴雨容易产生积水或水流淹没低洼地段，造成洪水和洪涝灾害。

雷电

◎闪电可能直接或间接造成伤亡。

洪水

◎洪水的大小和严重程度不同，产生的破坏也不同：可掀翻岩石、冲走车辆，摧毁建筑和桥梁，冲倒树木和电线杆，淹没道路和地下室。洪水可涨至数层楼高。

◎房屋、桥梁、山体等受到洪水长时间的冲刷、浸泡，即便当时没有发生坍塌，待台风、洪水退去后，也容易出现坍塌、滑坡等。

洪涝

◎暴雨和海水倒灌很可能造成城市、平原或低洼区域内涝等次生灾害，引发交通瘫痪、地铁停运等，影响城市正常运行，淹没农作物，甚至造成人员伤亡。

 小贴士

　　洪水和洪涝过后都可能造成水源污染、食品污染和传染病流行。

② 物资准备

◎为保障洪水或暴雨发生时的生命安全，需要备有漂浮设备或

救生衣。洪水多发期需要检查
是否可以随时使用。

◎ 为防止洪水或暴雨夹杂的杂物
损害房屋，可能需要挖水渠并
准备沙袋。处于低洼地区的居

民还要准备挡水板等物品，或砌好防水门槛，设置挡水土坝，
以防止洪水进屋。

◎ 洪水和洪涝多发期，需要多储备
一些水、食物和生活必需品，以
及保暖用的衣物。

◎ 如果你住在洪水多发地区或者即
将前往洪水多发地区，建议准备
或者携带应急包。请参见本书第
二章第（三）节中准备应急包的内容。

③ 避险

▶ 雷电安全规则

若身处室内：

◎ 雷电交加时，不要在户外和窗边
使用手机或有线电话。

◎ 打雷时，不要开窗户，不要把头
或手伸出户外，更不要用手触摸
窗户的金属架。

◎ 尽可能地关闭各类家用电器，尤

其是具有信号接收功能的电视机、电话机、电脑，并拔掉电源插头，以防雷电从电源线入侵，造成火灾或人员触电伤亡。

若身处室外：

◎听到雷声要立即返回室内。

◎密切留意天气状况并做好充分准备，以便在雷暴到达前能够迅速前往安全区域躲避。

◎若正在划船或游泳，应立即上岸，离开沙滩并到安全的地方躲避。

◎远离水，因为水可以传导电流。

◎尽量进入封闭的永久性建筑中躲避，如钢筋结构建筑。若无钢筋结构建筑，可到小汽车或大巴车中躲避，并关紧车窗。

将双手放于大腿上，双脚离地。

◎若身在树林，应前往被低矮树丛包围的区域躲避，不要站在空旷区域内孤立的大树底下。

◎在不得已时，可待在低洼的空旷区域，并远离高物，如高树、高塔、高墙、电话线杆和输电线等。

30/30 闪电原则：

◎从看到闪电后开始计时，如果在 30 秒内听见雷声，则说明有被闪电击中的危险，应立即寻找躲避处。

◎在最后一道闪电过去 30 分钟后方可离开安全区域。在未确定危险是否已经结束前，留在安全区域内。半数被闪电击中身亡的意外都发生在风暴过后。

防雷击蹲伏姿势：

◎身体下蹲。

◎重心放在脚尖。

◎双脚脚踝紧贴在一起。

◎捂住耳朵。

◎如果头发竖起或皮肤感到刺痛，质量较轻的金属制品开始震动，或闪电与雷鸣只间隔一两秒的时间，你应立刻做出防雷击蹲伏姿势，防止电流伤害重要器官。人与人之间应保持距离。

如有人被闪电击中：

◎在安全的地方拨打紧急救助电话。

◎遭闪电击中的伤者需尽快接受救治。若伤者停止呼吸，接受过培训的人员应对其进行人工呼吸。若伤者心脏骤停，接受过培训的人员应对其实施心肺复苏。检查并处理其他可能受伤的部位，检查烧伤伤口。

◎将伤者转移至安全场所。记住，遭闪电击中的伤者身上并不带电，救助他们不会对施救者造成伤害。

▶ **暴雨情况下的安全规则**

◎防止居民住房发生内涝，可因地制宜，在家门口放置挡水板、堆置沙袋或堆砌土坎，危旧房屋内或在低洼地区的人员及时转移到安全地方。

◎关闭煤气阀和电源总开关。

◎室外积水漫入室内时，应立即切断电源，防止积水带电伤人。

◎立即停止田间农事活动和户外活动。

◎在户外积水中骑自行车或行走时，要注意观察，贴近建筑物，防止跌入窨井、地坑、触电等。

◎提防房屋倒塌伤人。

◎驾驶员遇到路面或立交桥下积水过深时，应尽量绕行，切勿强行通过。

◎雨天汽车在低洼处熄火，千万不要在车上等候，尽快下车到高处等待救援。

▶洪水、洪涝安全规则

洪水洪涝多发期，应密切关注洪水预警，根据预警调整家庭活动计划。

防止洪水涌入室内：

◎房屋的门窗是进水部位，应用沙袋、土袋筑起防线。

◎用胶带纸密封所有的门窗缝隙，可以多封几层。

◎将老鼠洞穴、排水洞等一切可能进水的地方堵死。

如果需要撤离：

◎听从预警指示，带上应急包，撤离至高地或就地避难，或使

51

用提前备好的漂浮设备撤离至安全避难场所。切勿徒步蹚过洪水。

◎ 撤离时，保护好重要档案、文件与电子设备，关掉煤气阀、电源总开关等，以防发生次生灾害。

◎ 确定安全以前，不要返回住所。

◎ 撤离中，发现高压线铁塔倾斜或者电线断头下垂时，一定要迅速远避，防止触电。

如果来不及撤离：

◎ 就近寻找门板、桌椅、木床、大块泡沫塑料等能漂浮的材料逃生，尽量把身体固定在漂浮物上，以免被洪水冲走。

◎ 若被洪水围困，想办法发出求援信号，电话求援时应尽量准确报告被困人员的情况、方位和险情。

◎ 落水时可采取仰卧位，头部向后，使鼻部露出水面呼吸，保持镇定，不要将手臂上举乱扑动。

◎ 千万不要游泳逃生，不可攀爬带电的电线杆、铁塔，不要爬到泥坯房的屋顶。

洪水洪涝过后:

◎ 不吃腐败变质或被污水浸
　　泡过的食物。

◎ 清除过水区域的污泥。

◎ 清洗家具,整修厕所。

◎ 保持皮肤清洁干燥,保持
　　手部卫生,患有皮肤病者
　　尽量避免下水劳动。

◎ 清除室内外积水,预防蚊虫滋生,灭蝇灭鼠。

延伸阅读

- 中国气象局,《气象灾害防御科普宝典——雷电》
  http://www.cma.gov.cn/2011xzt/kpbd/lightning/
- 中国气象局,《气象灾害防御科普宝典——暴雨》
  http://www.cma.gov.cn/2011xzt/kpbd/rainstorm/
- 中国气象局,《气象灾害防御科普宝典——山洪》
  http://www.cma.gov.cn/2011xzt/kpbd/mountaintorrents/
- 中国天气,《教你逃离四大险境——暴雨淹城》
  http://www.weather.com.cn/zt/fzjz/2861885.shtml
- 中国应急信息网,《暴雨洪水来袭这样自救》
  http://www.emerinfo.cn/2019-08/05/c_1210228905.htm
- 中国应急信息网,《暴雨引发洪水如何自救》
  http://www.emerinfo.cn/2019-07/22/c_1210208091.htm

4 火灾

① 常识

▶ 火灾是什么

◎ 火灾是在一定的时间和空间范围内失去控制的燃烧。火的形成需具备以下三要素：助燃物、点火源和可燃物。

◎ 人为火灾是由于人为疏失所引发或蓄意纵火引起的。

▶ 火灾带来的危害有哪些

◎ 产生的烟气会遮挡视线，导致不能够及时快速地辨明逃生路线。

◎ 产生的烟气中含有大量有毒、有害物质，如一氧化碳、二氧化碳、二氧化硫、硫化氢等。有毒烟气是火灾的"第一杀手"。

◎ 火场辐射热的伤害：如果在火灾中受到火焰的直接烘烤，会灼伤皮肤，还会因吸入高温热气而灼伤呼吸道，甚至死亡。

②▶ 物资准备

◎ 准备家庭用灭火器、灭火毯、水桶和过滤面罩。

◎ 如果有条件，安装烟雾报警器。

◎ 定期对家中的灭火装备和器材进行检查维护。

③▶ 避险

▶ **如果遇到火情：火苗灭，大火逃，快报警**

◎ 火苗灭：如果发现小火苗，可以用灭火毯、浸湿的棉被盖住起火部位，或使用灭火器将火扑灭。如果上述操作无效，请立即撤离！

◎ 大火逃：如果发现火灾已经失去控制，感觉凭现有的灭火设备已经不能够将其扑灭，且威胁到自身安全，请关闭门窗后立即撤出火场！

◎ 快报警：及时拨打"119"报警电话，报告清楚起火地点、有无人员被困、有无倒塌爆炸的风险。

小贴士

逃生过程中要注意：

用湿布捂住口鼻，用鼻子呼吸，尽量减缓呼吸。

跪趴在地上，匍匐前行，尽快撤离！

撤离时，尽量把能关的门都关上。

试触房门，如果房门变热，不要打开房门。

考虑撤离路线的安全，不能用电梯，要走楼道等。

如果被困房中：

用湿布堵住门缝，防止烟雾从门缝渗入房内。

发出求救信号，打"119"说明你所在的详细地址及火势，等待救援。

119 我在xxx，快来救我。

▶如果身上着火，不要乱跑，应原地打滚，或用毯子、衣物覆盖着火部位

小贴士

如果他人身上着火，也可采取相同措施：

将其推倒，并帮助翻滚身体；

用毯子、地毯盖住着火部位；

让其趴在地上、来回打滚。

▶ **干粉灭火器的使用方法**

○ 检：检查灭火器压力表（绿色区域表示可正常工作），将瓶体颠倒晃动，使筒内干粉松动

○ 拔：拔出铅封

○ 提：提起灭火器，握住喷粉软管的前端

○ 瞄：瞄准火源根部

○ 压：用力压下手柄 ○ 扫：左右来回扫射火源根部

请注意：要在上风方向且距离火焰 1.5 米至 2 米处使用。

干粉灭火器可扑灭一般火灾，还可扑灭油、气等燃烧引起的失火，但不能用于扑救轻金属类物质燃烧引起的火灾。

延伸阅读

- 中华人民共和国应急管理部，《应对家庭突发火灾常备"五件宝"》

  https://www.mem.gov.cn/kp/shaq/jtaq/201903/t20190328_242395.shtml

- 中国应急信息网，《划重点！这些你必须掌握的消防技能知识》

  http://www.emerinfo.cn/2019-11/28/c_1210372434.htm

- 中国应急信息网，《火场这样逃生才正确》

  http://www.emerinfo.cn/2020-02/24/c_1210487313.htm

- 中国应急信息网，《应急科普 | 30 秒掌握防火常识》

  http://www.emerinfo.cn/2019-11/18/c_1210358316.htm

5 用电、用气、用煤安全 | ▼

① 常识

用电、用气、用煤时可能发生的危险：

◎ 如果家庭成员用电不规范，比如：湿手触摸电器、湿帕子擦电器、私自乱接电线，可能导致触电或者由于电线短路、超载引起火灾。

◎ 燃气管道和炉灶老化或者炉灶火没燃、熄灭，都可能引发燃气泄漏。冬季由于门窗紧闭，燃气在燃烧中缺氧产生一氧化碳，也可能导致一氧化碳中毒。

◎ 用煤炉做饭、取暖或者用煤暖炕时，如果排烟不畅，容易造成煤烟中毒，煤烟中主要成分是一氧化碳。

 小贴士

家里的儿童不要触碰插头插座和燃气灶开关！

② 物资准备

▶ 用电

◎ 电源线和接线板要满足负荷要求。及时更换老化、破

损的电源线、插座、接线板、家用电器，入户电源总保险与分户保险应配置合理，装设具有过载保护功能的漏电保护器，以免发生意外。

◎家用电器接线必须正确，如有损坏，应请专业人员进行修理，自己不要拆卸。

◎电源插头、插座应布置在幼儿接触不到的地方。

▶用气

◎ 连接灶具的软管，应在灶面下自然下垂，且保持 10 厘米以上的距离，以免被火烤焦、酿成事故。

◎ 定期检查并更换老旧燃气管道和炉灶。

◎ 建议安装燃气泄漏报警器，因为天然气无色无味，发生泄漏时很难察觉。

▶ **用煤**

◎ 使用煤灶要安装完整的烟筒，烟筒伸向窗外的部分一定要加装防风帽。

◎ 建议将煤火炕的炕门改在室外。

③ 避险

▶ **发生触电事故时**

◎ 辨认触电症状：人体触电后，局部表现有不同程度的烧伤、出血、焦黑等现象，可能会出现全身机能障碍，如休克、呼吸和心跳停止。

◎ 使人体与带电体分离：立即拉下电闸断电，若无法及时找到或断开电源，可用干燥的竹竿、木棒等绝缘物挑开带电体，切勿直接进行肢体接触。

▶ **电器起火时**

◎ 立刻关闭总电源电闸，再进行扑救。

◎ 电器起火，不可用水灭火，应当用干粉、二氧化碳、四氯化碳等灭火剂扑救，使用时注意

保持足够的安全距离，通常不小于 40 厘米。也可用干燥的沙土、棉被、棉衣盖住火苗。

◎ 电器燃烧可能释放有毒烟气，灭火后应及时打开门窗通风。

◎ 如火势较大，要立即撤离，然后拨打"119"报警。

▶ 发生燃气泄漏时

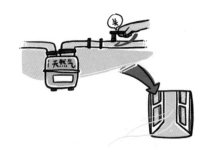

◎ 应及时关闭气阀，同时打开窗户进行通风。

◎ 切勿使用火柴、打火机等明火设备。

◎ 不可开启或关闭任何电器，更不要在现场

拨打手机和电话，应尽快按家庭逃生路线到室外安全地点集合，再拨打"119"报警。

▶ 当液化气瓶起火时

◎ 只要气瓶是直立放置，燃烧的火焰就不会直接烧到瓶体，钢瓶也不会发生爆炸。可以用湿毛巾等直接覆盖灭火，并关闭阀门。

◎ 若瓶身倾倒，应就近隐蔽或卧倒，护住头部等重要身体部位。当爆炸结束后或未发生爆炸，应快速撤离。

◎ 如果火势过大，应用沾湿的口罩、手帕或衣角捂住口鼻，躬身快速撤离现场。

▶ 发生煤烟中毒时

◎ 立即打开门窗通风，及时到医院就诊。

◎ 如果中毒较为严重、出现昏迷，要将患者迅速移至通风良好、空气新鲜的地方，松解衣扣，保持呼吸道通畅，清除口鼻分泌物，立即拨打"120"急救。

 延伸阅读

- 中华人民共和国应急管理部，《家庭用电安全基本知识》
  https://www.mem.gov.cn/kp/shaq/jtaq/201904/t20190403_243355.shtml

- 中华人民共和国应急管理部（微信公众号），《图说 | 可怕的电动车火灾，请您防范！》
  https://mp.weixin.qq.com/s/I7FpeFy8vV-m9fMmF8c7oQ

- 中国国家应急广播网，《电器安全》
  http://www.cneb.gov.cn/kpkxq/dqaq/

- 中华人民共和国应急管理部，《天然气使用安全常识》
  https://www.mem.gov.cn/kp/shaq/jtaq/201904/t20190401_243350.shtml

- 中华人民共和国应急管理部,《燃气使用需谨慎　你必须熟知的六条原则》
  https://www.mem.gov.cn/kp/shaq/jtaq/201904/t20190401_243354.shtml
- 中国应急信息网,《别让燃气罐变炸弹》
  http://www.emerinfo.cn/2019-11/27/c_1210371213.htm
- 国家应急广播网,《那些年搞不懂的三类燃气》
  http://www.cneb.gov.cn/special/sjxw/onlyimgPAGE1444984774920464/

6 交通安全 ▾

(1)▶ 常识

认识道路交通中的危险：

▶司机不易看见行人的情况

◎ 视线 / 光线不好：如起雾时、车辆进入弯道时、天黑时。

◎ 行人突然出现：如小朋友突然从车旁边冲过去会很危险。

◎ 车辆的视界盲区。

◎ 车辆转弯时会有内轮差：车前轮和后轮的行驶路线是不一样的，红色阴影区域就是这个内轮差的范围。

◎ 司机疲劳驾驶等。

▶行人不易看见车辆的情况

◎ 不容易看清后方来车：过马路时，我们通常会知道左看右看再左看，可是有时危险来自后方。

◎ 家里的成人和儿童都要注意：走在路上，尽量不要玩手机、打电话或者追逐打闹。

▶ **道路基础设施和车辆自身问题造成的危险**

◎ 道路标线不清，导致司机或行人容易闯红灯。

◎ 信号灯出现问题，使路口交通混乱。

◎ 车辆出现刹车失灵或其他问题的时候，司机可能不能控制车辆速度或方向。

②▶ 物资准备

◎ 有儿童和私家车的家庭，建议从孩子出生即配备儿童安全座椅，直到儿童长高到可以使用车内原配安全带为止。

◎ 为骑摩托车、电动自行车和自行车的家庭成员准备安全头盔。

③▶ 避险

▶ **交通安全规则**

步行安全三步骤：一停 / 慢、二看、三通过。

◎ 一停 / 慢：停在安全的位置，避开遮挡物。

◎ 二看：左看 – 右看 – 再左看，辨别车辆的方向和距离。

◎ 三通过：在有把握的情况下快速通过。

乘车安全：

◎驾驶或乘坐汽车时，务必系好安全带或使用儿童安全专用
座椅。

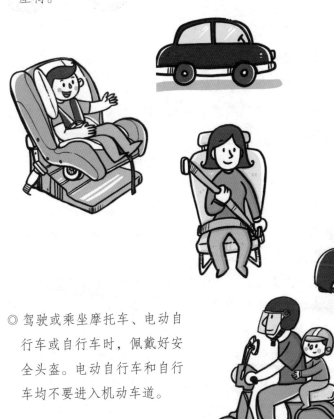

◎ 驾驶或乘坐摩托车、电动自
行车或自行车时，佩戴好安
全头盔。电动自行车和自行
车均不要进入机动车道。

 小贴士

　　驾驶自行车必须年满 12 岁，驾驶电动自行车必须年满 16 岁！

▶发生交通事故时

◎ 首先在保证生命安全的情况下排除发生火灾的一切诱因，熄灭发动机、关闭电源、禁止吸烟、搬开车上的易燃物品并尽可能防止燃油泄漏。

◎ 必须在第一时间内亮起车辆的危险警告灯，并在车后设置三角警示标志，防止后车追尾。

◎ 当心危险物品，慎防危险性液体、尘埃及气体积聚。

◎ 如果车祸引发火情，火势不大可自行扑灭，若火势较大要尽快撤离。

◎ 如果有人受伤，切勿移动伤者，除非伤者面临危险（如着火、有毒物体渗漏）。不可给伤者喂任何食物或饮料。如果有会护理伤者的专业人员在场，必要时可采取心肺复苏术或其他方法，为救援争取时间。

◎ 拨打交通事故报警电话"122"，说明事故的发生地点、时间、车型、车牌号码、事故起因、有无发生火灾或爆炸、有无人员伤亡、是否已造成交通堵塞等。说出你的姓名、性别、年龄、联系电话。

- YiYa 工作室（公安部道路交通安全研究中心微信公众号），《十大容易被忽视的儿童交通安全细节》

  https://mp.weixin.qq.com/s/fKVvXLSIZE8Gw2Sl7amoQw

- YiYa 工作室（公安部道路交通安全研究中心微信公众号），《儿童交通安全动图海报新鲜出炉，快快来领取！|儿童安全大礼包》

  https://mp.weixin.qq.com/s/YDZRMDf1gYLXxtKMOGHbRw

- 公安部交通管理局（微信公众号），《儿童交通安全|暑期莫让安全放假——步行篇》

  https://mp.weixin.qq.com/s/b4arqPdrEPPud67xlbqH6w

- 公安部交通管理局（微信公众号），《儿童交通安全|暑期莫让安全"放假"——乘车篇》

  https://mp.weixin.qq.com/s/RoSG69pH6zQNBlNRFrzu8Q

- 公安部交通管理局（微信公众号），《【儿童节礼物】孩子们都能看得懂的交通安全冷知识》

  https://mp.weixin.qq.com/s/orvwZvBOsbTDZCUP-9W9EQ

7 突发公共卫生事件

 常识

▶ 突发公共卫生事件和传染病大流行是什么

◎ 突发公共卫生事件是造成或者可能造成社会公众健康严重损害的重大传染病疫情、不明原因疾病、重大食物和职业中毒以及其他严重影响公众健康的事件。

◎ 当某地区人口感染某类传染性疾病的病例激增且感染人数超过正常预期，这种传染性疾病便被称为流行病。在短时间内迅速蔓延，其发病率显著超过该地区历年流行水平，且流行范围超过省、国，甚至洲界时称为大流行。

◎ 迄今为止，已经发生的传染病大流行包括霍乱、鼠疫、天花、麻风病、麻疹、黄热病、重症急性呼吸综合征（SARS）、中东呼吸综合征（MERS）、新型冠状病毒肺炎（COVID-19）以及一些新型流感等。

▶流行性疾病通过哪些途径传播

◎ 飞沫传播：通过空气和飞沫传播，如流感、麻疹、重症急性呼吸综合征（SARS）、中东呼吸综合征（MERS）、新型冠状病毒肺炎（COVID-19）。

◎ 血液及/或体液传播：通过接触传播，包括输血、孕期母婴传播及性行为传播，如埃博拉病毒、艾滋病病毒。

◎ 水传播：通过水传播，如霍乱。

◎ 人畜共患：通过直接或间接接触在动物和人类之间传播，如病毒、细菌、寄生虫和真菌。

◎ 带病媒介传播：通过被蚊子、跳蚤、壁虱等叮咬传播，如疟疾、登革热、鼠疫。

◎ 食物传播：通过准备或食用食物传播，如沙门氏菌、李斯特菌和甲型肝炎。

▶公共卫生事件会造成什么危害

◎ 公共卫生事件可能对公众的健康、社会经济和结构产生广泛、复杂和灾难性的影响。

◎ 在流行性疾病暴发期间，患病的人数可能远远超出了可用的医疗资源。许多其他的关键资源也会出现短缺，例如：食物、生活必需品等。

◎ 流行性疾病暴发还可能导致小商业倒闭、失业者增多、疫区农产品滞销、公众心理问题变多、家庭暴力增加等一系列社会问题。

(2) 物资准备

除了常规的急救包之外，应储备：

◎ 退烧药。

◎ 口服补盐液（自制配比：1升水，6茶勺糖，半茶勺盐）。

◎ 消毒液。

◎ 防护设备，如：口罩和手套。

◎ 净水剂。

◎ 洗手液。
◎ 足够的食物。
◎ 必要的基本药物。

③ 避险

如果你所在地区暴发了流行病或传染病，请保持良好的个人、家庭和公共卫生习惯：

▶勤洗手、保持双手卫生

◎ 以下情况务必洗手：咳嗽或打喷嚏后，饭前，便后，处理食物前后，照顾病人时，手脏时，处理动物或动物排泄物后。
◎ 用肥皂和自来水洗手。
◎ 洗手六步走：

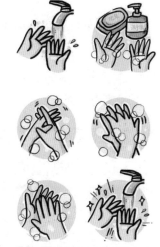

淋湿小手擦肥皂　搓出泡泡准备好
掌心相对搓一搓　手心手背搓一搓
十指交叉搓一搓　两手相扣搓一搓
手握拇指搓一搓　指尖手心搓一搓
搓手至少二十秒　流水冲掉手泡沫
捧水冲洗水龙头　关好水后擦干手
洗手步骤要记牢　细菌细菌远离我

▶ 当你咳嗽或打喷嚏时，用纸巾或弯曲的手肘捂住口鼻，立即处理掉纸巾并洗手

请注意：除非刚刚洗完手，否则避免用手触摸口、鼻、眼。

▶ **社交场合保持距离**

◎ 互相问候时不进行身
   体接触。

◎ 尽量与他人保持 1 ~ 2
   米的安全距离。

◎ 尽量避开人流密集的
   场所。

◎ 限制不必要的去医院探访病患，避免并限制在无保护的情况
   下与病患近距离接触。

▶ **定期洗澡：经常用清水、肥皂沐浴**

▶ **关注并听从官方卫生部门关于预防和保护性措施的建议**

◎ 使用恰当的防护装备，
   如：口罩、手套等。

◎ 学会正确佩戴、摘取、
   更换和丢弃口罩。

   ◇ 戴口罩前后，用肥皂
      和水或含酒精的免水
      洗手液洗手。

◇ 按压口罩上部的横条，使其弯曲，直至贴合你鼻子的形状。

◇ 上下调节，将口罩的褶皱展开，直至能完全覆盖你的口鼻和下巴，并贴合面部。

◇ 使用时避免用手接触口罩；如果触摸了，用肥皂和水或含酒精的免水洗手液洗手。

◇ 正确取下口罩：从后面取下，请勿触摸口罩正面；取下口罩后用肥皂和水或含酒精的免水洗手液洗手。

◇ 使用完一次性口罩后，或是

非一次性口罩变得潮湿后，请立即更换新口罩，不要重复使用一次性口罩。将更换下来的口罩立即弃置于封闭的垃圾桶内。

▶ **居家防控措施**

◎ 做好居室通风换气并保持整洁卫生，自然通风或机械通风每日 2 ~ 3 次，每次不少于 30 分钟。冬天开窗通风时，要注意室内外温差，以免引起感冒。

◎ 桌椅等物体表面每天做好清洁。

◎ 养成安全的饮食习惯。从正规渠道购买冰鲜禽肉，处理生食和熟食的菜板及刀具要分开。处理生食和熟食之间要洗手。
食用肉类和蛋类要煮熟、煮透。

◎密切关注发热、咳嗽等身体症状，出现此类症状应及时就医。

 小贴士

　　如果在传染病暴发期间，家庭面临食物短缺的状况，请
向社区寻求帮助。

 延伸阅读

- 中国疾病预防控制中心，《传染病》
  http://www.chinacdc.cn/jkzt/crb/
- 中国疾病预防控制中心，《突发公共卫生事件》
  http://www.chinacdc.cn/jkzt/tfggwssj/
- 应急管理部，《出门后回家，身上哪里最需要清洁消毒?》
  https://www.mem.gov.cn/kp/shaq/jtaq/202003/t20200302_344912.
  shtml

8 通用应急技能 | ▼

(1) 遇到任何紧急情况都应该做的事项

不管遇到何种紧急情况，请立即关闭水、电、燃气的总阀门，熄灭所有明火（如火花或烟头）。

小贴士

水、电、燃气的正确关闭方法：

水：拧紧水管总阀门。

电：关闭家庭电阀箱的电源总阀。

煤气：将燃气阀门扳至关闭处（该阀门一般会在家中热水器或是燃气炉处）。

(2) 灾后应如何使用电话

灾害后要不要打电话？

灾害后，很多人可能正急着打电话求救。

为减少灾害后通讯网络的负担，建议：

◎ 除非需要紧急救助，否则不要轻易打
  电话。

◎ 可使用短信和微信联
  络家人和紧急联系人。

◎ 可以通过广播和电视
  了解最新消息。

 小贴士

　　建议建立家庭微信群，以便紧急情况下互报平安和会合。

你的简单行为，可能会帮助他人得救！

③ 急救技能

急救是指当有任何意外或疾病发生时，在医护人员到达前，利用现场适用物资临时及适当地为伤病者进行的紧急救治。急救技能包括针对头部创伤、休克、骨折、中毒、咬伤等不同情况的救治方法，例如：止血、包扎、固定、搬运和心肺复苏等。

　　建议家庭中有至少一位成人参加急救技能的培训，可在当地红十字会等机构报名参加急救培训。

应急常用信息

CHAPTER FOUR

 1 **应急电话** |▼

如遇紧急情况，请拨打以下电话号码，寻求专业人员的帮助。

110—报警

119—火警

120—急救

122—交通事故报警

114/12580—电话导航平台

12117—报时台

12119—全国森林防火报警

12121/96121—天气预报

12122—全国高速公路救援

灾害发生时，你可能会暂时打不通以上电话，不必担心，请保持电话畅通，以备紧急之需。

2 应急设备及标识 ▼

① 应急设备

▶ 应急避难场所是什么

应急避难场所是用于民众躲避火灾、爆炸、洪水、地震、疫情等重大突发公共事件的安全避难场所。一般来说，应急避难场所是可供应急避难或临时搭建帐篷和临时服务设施的空旷场地，通常位于社区广场、社区服务中心、公园、绿地、体育场等公共服务设施内。有些地方的学校也会作为应急避难场所。

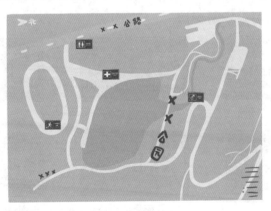

▶ 应急避难场所内有什么设施设备

应急避难场所一般包括应急避难休息、应急医疗救护、应急物资分发、应急管理、应急厕所、应急垃圾收集、应急供电、应急供水等各功能区和设施。

◎应急避难休息区：具有一定面积的平坦场地，可搭建帐篷和临时服务设施。

◎应急医疗救护区：用于对受伤人员的清理包扎、注射配药、等待转运等简单医疗救护活动。

◎应急物资分发区：存放、分发救灾物资的区域，救灾物资主要有饮食、饮用水、被褥及简单日用品等。

◎避难场地应急管理区：以现场应急指挥调度为主，确保现场各项救灾工作的有序开展。

◎各类设施：包括应急厕所、应急垃圾收集、应急供电、应急供水、应急广播和通信系统、消防设施等。

② 应急标识

▶ 应急避难场所标识

○ 应急避险场所

○ 应急厕所

○ 应急供电

○ 应急供水

○ 应急灭火器

○ 应急物资供应

○ 应急医疗救护

○ 应急篷宿区

○ 应急垃圾存放

○ 应急停机坪　　　　○ 应急停车场　　　　○ 应急水源

 警示标识

○ 当心防尘　　　○ 当心腐蚀　　　○ 当心滑跌　　　○ 当心火车

○ 当心火灾　　　○ 当心水灾　　　○ 当心塌方　　　○ 当心中毒

○ 注意安全　　　○ 注意残疾人　　　○ 注意村庄　　　○ 注意儿童

○ 注意高温　　　○ 注意行人　　　○ 注意慢行

○ 注意牲畜　　　○ 注意施工　　　○ 注意隧道

 延伸阅读

- 中华人民共和国住房和城乡建设部、中华人民共和国国家发展和改革委员会,《城市社区应急避难场所建设标准》http://www.mohurd.gov.cn/wjfb/201705/W020170522052515.pdf

- 中华人民共和国国家质量监督检验检疫总局、中国国家标准化管理委员会,《地震应急避难场所场址及配套设施》http://openstd.samr.gov.cn/bzgk/gb/newGbInfo?hcno=8B2E0D7D4505370BA2CAD64253A354F3

- 中华人民共和国国家质量监督检验检疫总局、中国国家标准化管理委员会 ,《地震应急避难场所运行管理指南》http://openstd.samr.gov.cn/bzgk/gb/newGbInfo?hcno=7727685F7E44BCAFA7DD71108C90C814

- 中华人民共和国应急管理部,《避难场所》https://www.mem.gov.cn/kp/yjzn/201904/t20190414_245889.shtml

- 《社区避难设施什么时候使用?》https://www.mem.gov.cn/kp/shaq/sqaq/201904/t20190401_243361.shtml

- 中国国家应急广播,应急标识http://www.cneb.gov.cn/biaoshi/

手册参考资料:

红十字会与红新月会国际联合会、国际救助儿童会（英国）北京代表处、北京师范大学风险治理与创新中心《公众减灾意识与公共减灾教育：关键信息》;

国际救助儿童会（英国）北京代表处《家庭安全计划》。